DIE RECHENMASCHINE

Rechnen ist doch kinderleicht!

Text: Keith Faulkner
Illustrationen: Rory Tyger

Bauer Braun will die Tiere auf seinem Bauernhof füttern. Damit er genug Futter hat, muss er wissen, wie viele Tiere es sind. Kannst du ihm beim Zusammenzählen helfen?

1	2	3	4	5	+
2	3	4	5	6	1
3	4	5	6	7	2
4	5	6	7	8	3
5	6	7	8	9	4
6	7	8	9	10	5

Lege die Rechenmaschine über diese Seite.

Im Dschungel leben viele verschiedene Tiere. Wie viele Tiere einer Art sind es, wenn die Tiere auf der linken Seite die Tiere auf der rechten Seite besuchen?

7 + 6 = ?

7 + 7 = ?

9 + 8 = ?

8 + 7 = ?

6 + 10 = ?

6	7	8	9	10	+
12	13	14	15	16	6
13	14	15	16	17	7
14	15	16	17	18	8
15	16	17	18	19	9
16	17	18	19	20	10

Lege dic Rechenmaschine über diese Seite.

Du schwimmst im Meer und zählst die Meerestiere. Wie viele Meerestiere einer Art siehst du, wenn du die Tiere links zu den Tieren rechts dazuzählst?

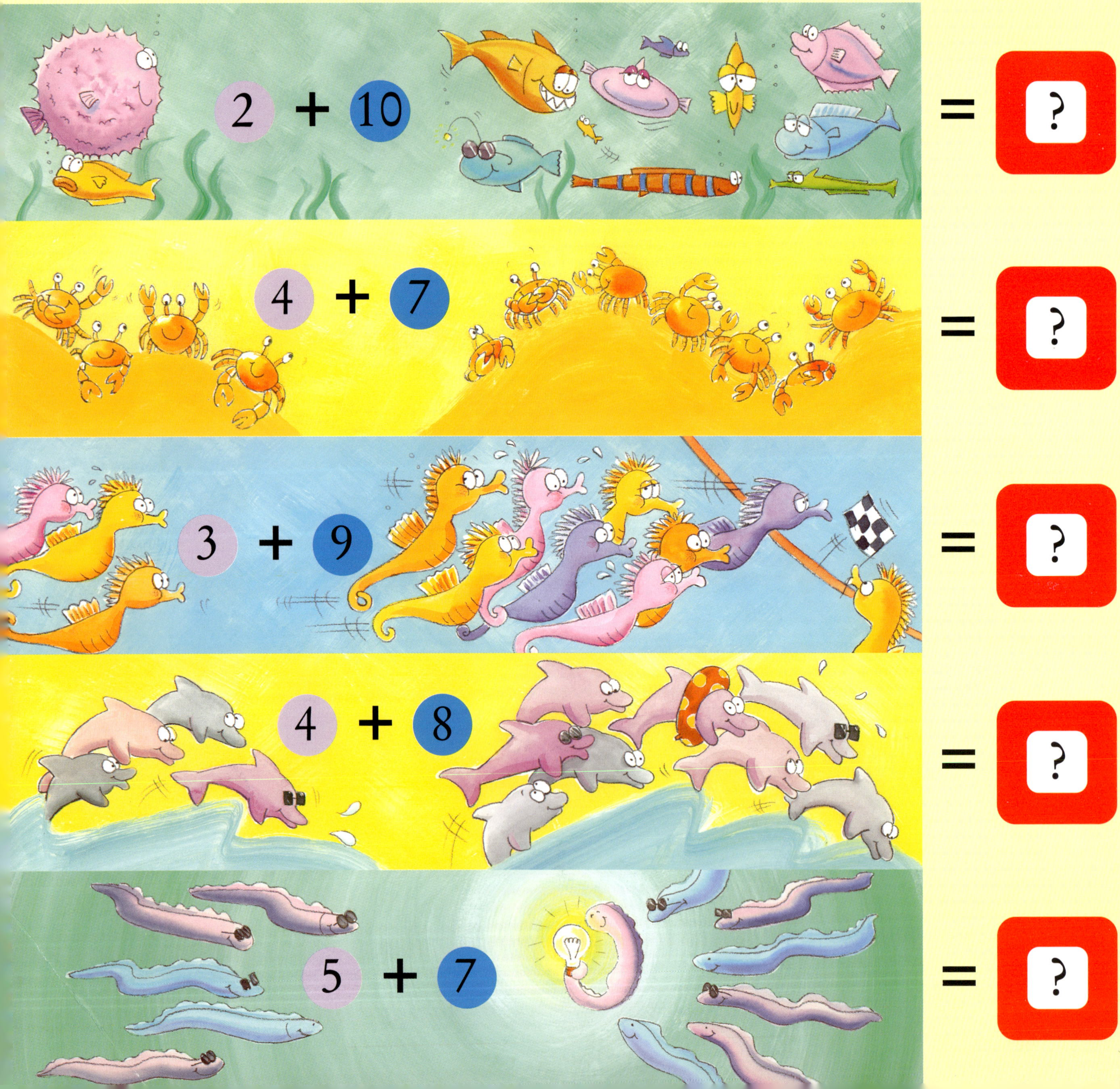

1	2	3	4	5	+
7	8	9	10	11	6
8	9	10	11	12	7
9	10	11	12	13	8
10	11	12	13	14	9
11	12	13	14	15	10

Lege die Rechenmaschine über diese Seite.

Einige Tiere bekommen ein neues Zuhause. Wenn du die Tiere rechts von den Tieren links abziehst, weißt du, wie viele Tiere in der Tierhandlung bleiben.

6 - 1

= ?

5 - 1

= ?

8 - 3

= ?

7 - 2

= ?

9 - 4

= ?

7 - 1

= ?

9	8	7	6	5		−
8	7	6	5	4		1
7	6	5	4	3		2
6	5	4	3	2		3
5	4	3	2	1		4
4	3	2	1	0		5

Lege die Rechenmaschine über diese Seite.

Es gibt mehr Insekten als andere Tiere auf der Erde. Wie viele Insekten bleiben übrig, wenn du die Insekten rechts von den Insekten links abziehst?

7 - 5 = ?

8 - 3 = ?

9 - 5 = ?

10 - 3 = ?

8 - 4 = ?

9 - 2 = ?

10	9	8	7	6	-
5	4	3	2	1	5
6	5	4	3	2	4
7	6	5	4	3	3
8	7	6	5	4	2
9	8	7	6	5	1

Lege die Rechenmaschine über diese Seite.

Vor langer Zeit lebten auf der Erde viele Dinosaurier. Ziehe die Dinosaurier rechts von den Dinosauriern links ab. Wie viele bleiben übrig?

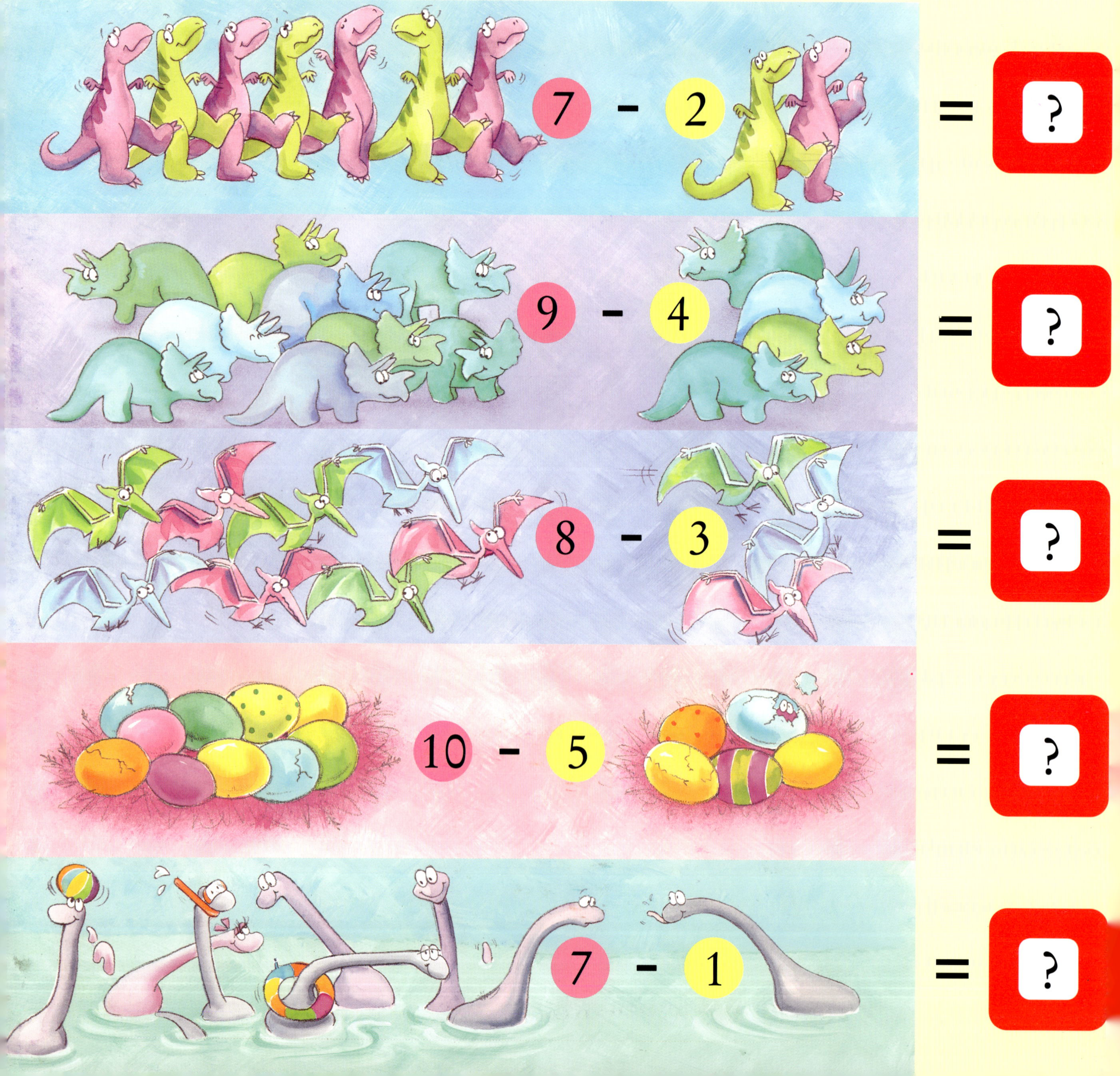